孩子，你要学会强大自己

苏星宁 著 方寸星河 绘

北京理工大学出版社
BEIJING INSTITUTE OF TECHNOLOGY PRESS

图书在版编目（CIP）数据

会学习，练就超强学习力 / 苏星宁著；方寸星河绘．
北京：北京理工大学出版社，2025.3.
（孩子，你要学会强大自己）.
ISBN 978-7-5763-4002-0

Ⅰ．G442-49

中国国家版本馆 CIP 数据核字第 20246S88W6 号

责任编辑：徐艳君　　文案编辑：邓　洁
责任校对：刘亚男　　责任印制：施胜娟

出版发行 / 北京理工大学出版社有限责任公司
社　　址 / 北京市丰台区四合庄路 6 号
邮　　编 / 100070
电　　话 /（010）68944451（大众售后服务热线）
（010）68912824（大众售后服务热线）
网　　址 / http://www.bitpress.com.cn

版 印 次 / 2025 年 3 月第 1 版第 1 次印刷
印　　刷 / 三河市华骏印务包装有限公司
开　　本 / 880 mm x 1230 mm　1 / 32
印　　张 / 5.25
字　　数 / 110 千字
定　　价 / 168.00 元（全 6 册）

第一章

测试篇：你的学习方法足够高效吗？

第二章

方法篇：掌握让你高效学习的五种方法

工具篇：掌握让你高效学习的五大工具

第四章

行动篇：几个小行动，轻松获得学习力

第五章

实战篇：轻松解决学习问题，做个小“学霸”

测试篇：

你的学习方法足够高效吗？

1 你知道自己的最佳学习时间段吗？

成长的烦恼

期末考试快要到了，同学们都在抓紧时间学习。我也和大家一样，争分夺秒地学习，把能利用的时间都利用上了，课间的零散时间和午饭后都抓紧学习，晚上也熬夜学习。结果却是事倍功半，效果一点儿都不理想。我无奈地和同桌抱怨，同桌却反问我："谁也不能一直都在学习，都得劳逸结合，你找到自己的最佳学习时间段了吗？"

•说说我的故事•

summer
A. Let's learn.
— Which season do you like best?
autumn
距期末考试
还剩33天
课堂上

快考试了，我要争分夺秒地学习！
大课间

单词
趁现在多背几个单词吧。
午休时间
上课时

公布成绩
为什么我这么努力学习，成绩反而下降了呢？
期末成绩
同桌，我加班加点地学习，最后成绩却一点儿都不理想。
难道这样的努力方式不对吗？
睿睿，你有找到自己的最佳学习时间段吗？

啊？最佳时间段？
对呀。
在最佳时间学习，效率才会更高。

我找到了自己的最佳学习时间。
VS
我不知道自己的最佳学习时间段。

在实际生活中，你可能会有这样的体会：一道题，绞尽脑汁熬到半夜也做不出来，结果第二天突然就知道怎么做了；老师要求背诵文章，背了一中午还是磕磕绊绊的，睡前巩固的时候却发现自己可以顺利地背出来了。这其实就是最佳学习时间段的体现。

最佳学习时间段即学习效率最高、效果最好的时间段。在这段时间里，你的大脑接收、归纳、储存知识的效率会比其他时间段都要高。当你充分利用这段时间去学习，收到的效果会更好。

需要注意的是，每个人都有属于自己的最佳学习时间段，就像每个人都有属于自己的精力曲线一样，它会随着时间的变化而高低起伏。这就需要你不断地体验和比较，慢慢地找出自己的最佳学习时间段，然后进行最高效的学习。

那么，你的最佳学习时间段是什么时候呢？

心理学家给你的建议

如何找到并利用自己的最佳学习时间段呢？

1 画出自己的精力曲线

根据自己平时的学习情况，找到几个兴奋点与低沉点，画出一条自己的精力曲线，根据曲线的高低起伏，找出自己的最佳学习时间段。

可以根据自己的情况画一条精力曲线。
精力曲线

2 找出自己的最佳学习时间段

根据精力曲线判断出自己精力较旺盛、效率较高的时间段后，分别在这几个时间段做一道或者几道难度差不多的数学题，根据准确率来判断自己的最佳用脑时间。

3 充分利用最佳学习时间段，事半功倍

最佳学习时间段是大脑较为活跃的时间，可以把重点需要记忆、思考分析、思维开发等方面的学习放到这些时间段进行，其他时间可用于练习。科学地安排、实施自己的计划，才能达到事半功倍的效果。

每天进步一点点

日拱一卒无有尽，功不唐捐终人海。找到适合自己的学习方式与方法，掌握一定的技巧，就能让自己的学习更加高效！

你今天掌握了什么新的学习技巧？

2 你有没有走出低效重复学习区？

成长的烦恼

我数学成绩一向都不好，很想提升自己的成绩，偶然间听到别人聊天说：“要学好数学，多做题就好了。”我便买了好多本习题集开始练起来。一段时间后，我发现自己的成绩并没有得到太大的提升，我沮丧而难过地告诉了妈妈，妈妈说：“要学好任何一门科目首先要掌握这门科目正确的学习方法与技巧，否则只会是低效重复假勤奋。”

说说我的故事

一段时间以后……

考试后
不及格
妈妈，我做了很多数学题，可是成绩还是不及格……
小蕊，要掌握正确的学习方法和技巧！
“方法”
不然只会是低效的重复学习。
方法和技巧？低效的重复学习？

回家后
你看，这本习题册只针对一部分知识点，内容比较有限。
你可以把知识点都整理出来，针对薄弱的环节多练几遍。
我明白了，妈妈！

我能掌握正确的学习方法，走出低效重复学习区。

VS

我像别人说的那样一直做题练习，成绩却依旧没有提升。

许多人以为只要足够勤奋、足够刻苦，学习成绩就一定会好。其实，这是一个很大的误区，勤奋与刻苦的前提是要有正确的方向和高效的方法，如果一开始的路就走偏了，那所有的勤奋与努力只能是事与愿违，事倍功半。

作家格拉德威尔在《异类》一书中指出：“人们眼中的天才之所以卓越非凡，并非天资超人一等，而是付出了持续不断的努力。一万小时的锤炼是任何人从平凡变成世界级大师的必要条件。”但是，在开始一万小时的勤奋之前，需要理解并掌握高效、科学的方法和正确的步骤。如果一开始就用了错误的方式，那么再怎么练习也不会达到预期的效果。

建议大家在付诸行动之前，思索一下自己的方向是不是正确、方法是不是高效。

心理学家给你的建议

如何避免低效重复，提高学习效率呢？

巧抓重点、难点，将机械化努力升级为技巧型学习

在学习的过程中学会给自己划重点，不要把精力分散到各处，要学会集中将难点各个击破，杜绝重复低效的学习，将“好钢”用在“刀刃”上。

在学习的过程中，学会给自己划重点。

归纳知识点，练习有方向

在学习的过程中要善于对自己学过的知识点进行分类，然后按照分类进行有方向、有准备的练习；在练习中不断突破自己，使自己的学习成绩螺旋式上升。

归纳知识点，有方向、有准备地去练习。

提升学习热情，避免低效学习

说一千道一万，要想从根本上避免低效的学习，最重要的还是要提升自己对学习的热情。试问一下，当你真正喜欢上学习、热爱学习的时候，不管什么问题与困难，都不能阻挡你那颗充满热忱、不断追求进步的心。

我要提升自己对学习的热情，真正喜欢上学习。

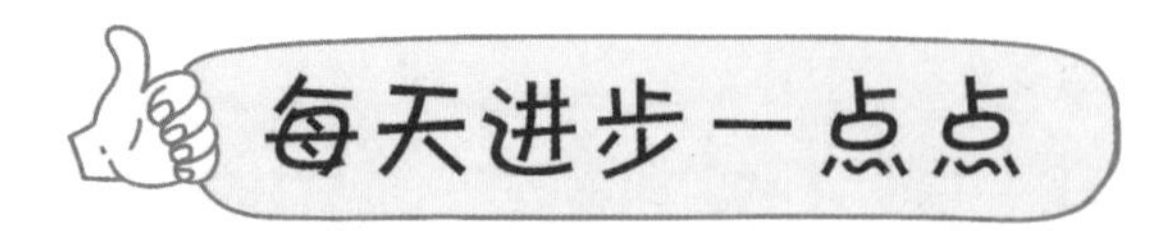

每天进步一点点

日拱一卒无有尽，功不唐捐终人海。找到适合自己的学习方式与方法，掌握一定的技巧，就能让自己的学习更加高效！

你今天掌握了什么新的学习技巧？

3 你研究过班上“学霸”的学习方式和习惯吗？

成长的烦恼

周末，朋友涛涛来我家学习，我们就学习方式展开了讨论，各抒己见，且都认为自己说的有道理。正当我们争论得不可开交的时候，妈妈走过来说：“你们研究过班上‘学霸’们的学习方式和习惯吗？”妈妈的话点醒了我们。对啊，班上的“学霸”不就是离我们最近的学习对象吗？

说说我的故事

周末
作业本
作业本
涛涛，我觉得一直写作业没用，理解才是关键。
皓皓，我觉得你说的不对！
我认为作业、练习很有必要。
有些知识点理解起来会比较困难。
知识点
通过做作业，能达到强化巩固的效果。
那不成死记硬背了嘛，很难举一反三的。
没有呀！
有……

皓皓，涛涛，
你们争论出
结果了吗？
你们有没有研究
过班级里“学霸”
的学习方式呢？

对呀，我们去找
球球问问呀！

第二天
球球，能分享
一下你的学习
经验吗？
可以呀！

我是以
理解和掌握
知识点为主。
理解后，再通
过相应练习加
深记忆。

每个人的学习方
式都是不同的，
首先要找到适合
自己的方式！

心理学家和你聊聊天

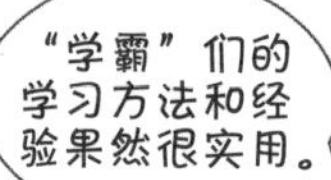

"学霸"们的
学习方法和经
验果然很实用。

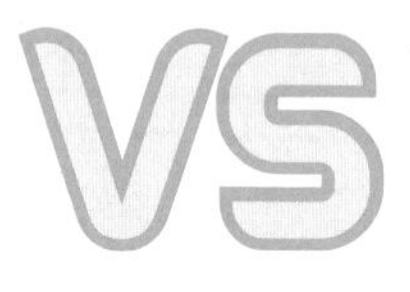

我认为没有必要
研究班上"学霸"
的学习方式。

"学霸"是指擅长学习、对知识的接受能力强于大多数人、在学习中拥有显著优势的人。"学霸"并非"书呆子"，而是能够运用更好的方式、方法，以比较轻松的状态取得更好的成绩。

要知山下路，须问过来人。学习成功者的经验，也是提高效率的有效方法。学习也是如此，在自己努力的同时，也可以和班上的"学霸"聊一聊，问问对方为什么如此高效，有什么独特的技巧、习惯、规划等。参考他们的学习方式，也许是你逆袭道路上最直接、最高效的办法。

当然，别人的方法也许只适合他们自己，我们在借鉴的时候，需要理解其精髓，并根据自己的实际情况加以调整，这样才是有针对性的，否则"学霸"的方法即便放到你身上，也可能会"水土不服"。

心理学家给你的建议

“学霸”有哪些好的学习方式和习惯呢？

1 拥有一颗求知的心

但凡一个在某个领域强于别人很多的人，他对这个领域的热爱都会比别人多很多。你可以多观察一下身边的“学霸”，会发现他们对于学习的热忱超出你的想象。一颗求知的心对应着渴望知识和智慧的精神状态，以及对探索和学习的热情与动力。

要拥有一颗热爱学习的心。

2 善于利用自己的优势

如果经常观察身边的“学霸”，你会发现他们都有适合自己的学习方式：有的人善于记笔记，有的人善于实践检验，有的人善于记忆，有的人善于使用一些技巧来弥补自己的不足……那么你更擅长什么呢？

3 真正的学霸都会时间管理

其实大部分时候，决定孩子成绩的不是智商，而是时间管理能力。大多数“学霸”在生活和学习中都非常自律，他们的时间观念特别强，每天都有具体的目标——什么时间学习、完成多少进度……那么你每天的作息又是怎样的呢？

我要增强时间观念，学会自律。

每天进步一点点

日拱一卒无有尽，功不唐捐终入海。找到适合自己的学习方式与方法，掌握一定的技巧，就能让自己的学习更加高效！

你今天掌握了什么新的学习技巧？

4 你善于利用老师、同学这些“资源”吗？

成长的烦恼

自习课上，我因为一道数学题做不出来而焦头烂额。我这个人又特别爱跟自己较劲，非要把这道题做出来不可，但苦于埋头钻研却依然毫无头绪。这时同桌看到了我苦恼的样子，凑过来问：“什么题把你难成这样？”我把题拿给同桌看，跟他抱怨起来。后来在同桌的启发下，我一点点找到了思路。与其想破脑袋，不如去请教一下周围的人。

说说我的故事

自习课

$\frac{4}{5}=\frac{16}{(\ ?\ )}=\frac{(\ ?\ )}{35}$

这道题我一定能做出来！

半个小时后……
怎么就做不出来呢？

小米，看你抓狂的样子，我都着急。需要我帮你吗？

第一题……
嗯，懂了！
第三道题我也不会，大课间的时候我们去问学习委员吧。
与其自己在这儿琢磨，不如问一下老师、同学，会更高效呀！
原来这道题这么简单，要是早点儿去问，就不会浪费这么多时间了。
对呀，冥思苦想没结果的话，我们可以主动请教！
以后多向老师、同学们求助啊！
必须的。

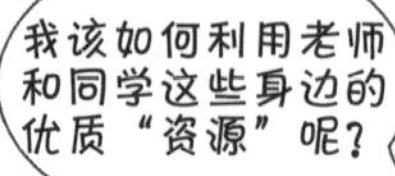

我善于向老师和同学寻求帮助。
我该如何利用老师和同学这些身边的优质“资源”呢？

你跟老师的关系如何？是否愿意向老师表达自己或者寻求帮助呢？你有要好的、能一起进步的朋友吗？学习从来都不是一个人的单打独斗。如果能够和老师、同学形成一种和谐互助的学习氛围，你的学习就会是快乐的、相对轻松的。

在学习生涯中，遇到好的老师是无比幸运的。谁能够主动与老师沟通，谁就会获得更多解决疑惑的学习机会。而且，良好的师生关系会让学生更有学习动力，也更加积极。

“三人行，必有我师焉。”同学也是我们学习中特殊的老师。学习不仅需要师生间的双向传递，更需要同学之间的多向交流。同学之间的互助，特别是与比自己优秀的同学的交流，是我们进步的助力。与好朋友结伴同行、一起进步，互相学习和请教，一起讨论和探索，形成积极的学习氛围，更是查漏补缺、积极进取的好方法。

心理学家给你的建议

如何利用好身边的学习资源呢？

敢于向老师提问

行万里路，不如名师指路。当你准备向老师提问时，肯定会先在大脑中进行逻辑梳理，找出自己真正不懂的地方，这个过程本身也能加深对知识的理解。很多时候，老师只要稍微提点一下，你的纠结和困惑就能立马迎刃而解。

老师也是特殊的调解员

老师就像一座桥，连接着学生和家长。如果因为学习而感到焦虑，甚至和家人发生冲突，除了自我调节和家庭调节，切不要忽略了老师，可以直接或者间接地找亲近的老师帮忙引导或者协调。

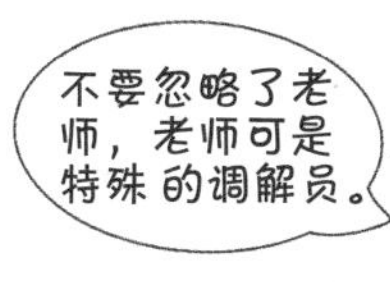

不要忽略了老
师，老师可是
特殊的调解员。

找到学习中的搭档，不做“独行侠”

正所谓“一个人可以走得很快，但是一群人可以走得很远”，自己苦学，不如找到一个或者几个和自己合拍的同学，请教难题也好，展开讨论也好，都有助于彼此开阔思路、激发灵感、互相促进。

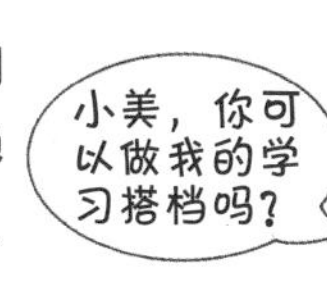

每天进步一点点

日拱一卒无有尽，功不唐捐终人海。找到适合自己的学习方式与方法，掌握一定的技巧，就能让自己的学习更加高效！

你今天掌握了什么新的学习技巧？

5 你对于学到的知识善于梳理和归纳吗？

成长的烦恼

数学课后，老师要求同学们把课上讲的题型好好梳理一下，并归纳到自己的笔记本上。我认为既然已经听懂了，就没必要再梳理和归纳了。然而一次考试中遇到了同类型的题目，我却怎么都做不出来。事后我不禁反思，如果当时我按照老师的要求进行了梳理和归纳，是不是就不会做不出来了呢？

说说我的故事

数学课
$\frac{x-3}{0.5}-\frac{x+4}{0.2}=1.6$
$2(x-3)-5(x+4)=1.6$
$2x-6$
同学们，这道题是重点题型。
$2x-6-5x-20=1.6$
$2x-5x=1.6+6+20$
$-3x=27.6$
$x=-9.2$
大家先梳理一下，再写在笔记本上。

骏骏，你怎么不按老师的要求做笔记呀？

这道题我已经会了。
不想再浪费时间去整理了。

万一下次考到……

哎呀，考到就考到呗，反正我都会了。

……
好吧。
模拟考
这题老师讲过的，怎么解来着？
重点题型！
完了！一点儿也想不起来……
考试后
这题笔记上有。
对。
小云，你能把上次写的重点题型给我看一下吗？
可以呀。
下次我一定要整理到笔记本上。

我善于梳理和归纳已经学过的知识。

我已经听懂这道题了，没必要再梳理和归纳了。

在平时的学习中，梳理和归纳是成长的牵引力，也是深入学习必须具备的素养。很多学生学习效率差、进步慢的原因，就是对于所学的知识没有很好地进行梳理与归纳。

随着年级越来越高，所学知识也越来越多，及时地梳理和归纳可以更好地帮助同学们掌握知识点之间的相似性和关联性，从而做到举一反三。而且，及时梳理和归纳可以更好地帮助自己深入理解学过的知识，形成自己的知识体系。另外，在梳理和归纳的过程中，还会发现一些学习的窍门，让自己的学习更加轻松。

大量的实践证明，一个善于梳理和归纳的人在学习方面会比其他人更有优势。“学而不思则罔，思而不学则殆。”梳理和归纳是提炼知识的过程，同时也是一个人的思想转变、成熟的过程。

心理学家给你的建议

如何做到善于梳理和归纳学到的知识呢？

1 定点定时梳理和归纳

每天给自己设定一个时间点，对今天学到的知识进行梳理和归纳，这样不仅能复习当天学到的东西，也能培养一个好的习惯。

2 准备一个专门的笔记本

尽管记忆力是我们获取和保留信息的关键能力，但仅仅依靠记忆力往往是不够的。好记性不如烂笔头，准备一个笔记本，这样不仅可以加深记忆，也方便了以后的复习。此外，做笔记还有防止遗忘、方便查询等功能。

3 用费曼学习法进行梳理和归纳

要想更好地记住一件事情，就要用自己的话把这件事讲给别人听。学习也是如此，当你用自己的话把当天学习到的知识点讲给别人听，那么你就能深入理解知识点，而且记忆深刻，难以遗忘。

磊磊，我刚学会了一个知识点，来，我讲给你听。

每天进步一点点

日拱一卒无有尽，功不唐捐终入海。找到适合自己的学习方式与方法，掌握一定的技巧，就能让自己的学习更加高效！

你今天掌握了什么新的学习技巧？

第二章

方法篇：

掌握让你高效学习的五种方法

6 穿插学习法：各个学科交替学习更高效

成长的烦恼

周末在家，我和朋友讨论起了哪种学习方法更高效。我一直认为在学习的时候专心致志，只学习某一类知识效果会更好。但是，在一段时间的学习之后，结果却不尽如人意，只有一两门学科成绩有所进步，其他科目的成绩反而退步了许多。正在我一筹莫展、不知所措的时候，爸爸的话点醒了我："不妨用穿插学习法，各个学科交替学习，效率才会更高。"

说说我的故事

周日在家
姚姚，这道数学题好难啊，你会做吗？

我也不会做，打算先跳过去。

等明天到学校问问老师。

不行，我必须把它做出来。

一个小时后……

又过了一会儿
终于做完作业了！

啊！我还剩下好多知识点没复习……

周一课上

小蕊来回答一下这个问题。

我……嗯……

你周末没有复习吗？
……

爸爸，我昨天做那道数学题浪费了好多时间，

导致没有把其他的知识点复习完。

今天课上老师提问，我没答上来……

蕊蕊，死磕一道题会使大脑越来越疲惫，
既浪费时间，也降低学习效率。

以后多注意就好了。
嗯，我明白了。

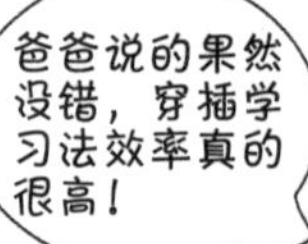

爸爸说的果然没错，穿插学习法效率真的很高！

可是各个学科交替学习会更累吧……

心理学家研究表明，有间隔地学习、穿插不同内容地学习，以及有多样性地学习，会加深对所学过知识的记忆。相对于专心致志地进行一门学科或者一类知识的学习，这样的学习方法更适合用在中小学生的学习中。

不同学科知识的切换学习，能够激发“远距联想”，可以加强不同学科知识之间的联系。而且因为学习内容的改变，大脑会进行思维的变换，就像我们总说的“换脑筋”，让我们不被思维定式所束缚。虽然这样学习感觉会有些费劲，但是，就是这种费劲恰恰会让学习的效果更扎实。

在阅读和学习的过程中，我们一直都在消耗自身的专注力，专注于一项内容过久，专注力就会开始分散。穿插式学习能够缓解学习中的疲劳感和厌倦感。做数学累了的时候，不妨换换做一做阅读，就会放松不少。

心理学家给你的建议

如何利用穿插式学习使自己学习效率更高？

1 提前安排好学习计划

提前安排好自己的学习计划，进行有批次的学习。如数学做10道题、语文背诵两篇古诗文、默写20个英语单词等，会让学习效率更高。

2 用好番茄钟，劳逸结合效率高

在学习的时候，养成利用番茄钟的习惯，比如每一个学科学习20分钟，到时间休息5分钟，然后开始下一个学科的学习，就像每天在学校里上课一样。

我每个学科学20分钟，到点休息5分钟，循环往复。

3 摈弃过度学习，学会穿插练习

穿插学习就是把各种不一样的题目混在一起练习，而不是一块一块地学习它们。当数学学习进行得久了，觉得累了，不妨换一换文言文、现代文阅读试一试，这样就能放松一些，让大脑变换思维方式，会让我们更加有动力、有状态！

累了、倦了，就给自己“换换脑筋”。

每天进步一点点

日拱一卒无有尽，功不唐捐终人海。找到适合自己的学习方式与方法，掌握一定的技巧，就能让自己的学习更加高效！

你今天掌握了什么新的学习技巧？

提问学习法：阅读前自己提出问题再找答案

成长的烦恼

要问我最不喜欢做什么题，想都不用想，肯定是阅读理解。阅读题给的材料字好多啊，读了后面的，前面的内容就忘得差不多了，好不容易读完那么多文字后，做题的时候还得再读一遍，导致我做得不仅慢，正确率还很低。后来我向同桌请教，原来他习惯带着后面的问题去阅读，而我觉得先看一遍问题就浪费了阅读时间，一直不想用这种方法。当我试着用他的方法测试几次后，效率真的提高了不少！

•说说我的故事•

我一做阅读理解就犯怵……
怎么才能做好阅读理解？

放学后
飞飞、小米、你俩的阅读理解是怎么得高分的？

仔细阅读文字内容。
飞飞
选取重点的部分仔细分析呀。
小米

回到家后
那就按飞飞说的，先仔细阅读吧！

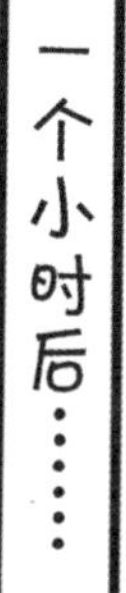

一个小时后……

记的是清楚了些，但太费时间了，不划算。

小米说要选取重点部分，可哪里才是呢？

啊！我记得老师好像讲过要带着问题去找答案。

是提问学习法！
我之前怎么没有想到呢。
笔记本

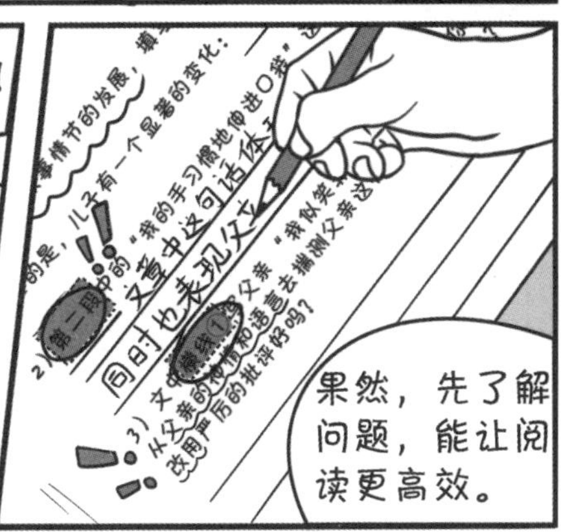
果然，先了解问题，能让阅读更高效。

哇，做完了！
可算是找到解决办法了。

在阅读其他课外读物时，我也可以边读边自己提问。

提问学习法让我从此喜欢上了阅读理解。

先看问题再去阅读多浪费时间，不如上来就开始读！

爱因斯坦曾说：“一个人提问的能力比回答问题的能力更重要。”提出问题才是解决问题的关键。在阅读中，提出问题再阅读的方法可以有效地提高精神的集中度，使自己在阅读中获取更多信息，更高效地找到自己想要的答案。

其实，提问是为了避免处于被动的阅读状态。阅读时，我们的思维要走在作者的前面，带着目的去阅读。而当有问题存在时，我们的大脑才会主动思考，才会有收获；如果没有问题，我们的大脑就会处于漫无目的的状态，没有重点，阅读就会变得漫无目的。

阅读其实就像你去超市买东西，如果不知道自己需要什么，漫无目的地逛，回家就会发现恰好没有买到自己需要的东西。提问学习法就是告诉你需要一支钢笔，你就可以直接去文具区找到钢笔，从而大大提高效率。

心理学家给你的建议

如何用好提问学习法？

1 从被动回答转向主动提问

当你习惯了听别人的讲述、被动回答别人的提问时，自己阅读的意识和能力就得不到锻炼。要想提高自己的阅读能力，就要试着主动去提出问题，做一个独立思考、不断进步的学生。

要试着学会主动提出问题。

2 巧用便签，事半功倍

准备两种颜色的便签，一种颜色记录阅读时自己想到的问题，边读边思考；另一种颜色记录阅读中的知识点，等读完后想一想怎么运用、怎么输出。这样阅读以及复盘的效率就会很高。

可以巧妙运用便签，精读文字。

3 学会向自己提问

在阅读的时候，多向自己发问，例如，它表达的是什么意思？它的背景是什么？它和学过的知识点有什么联系？像这样经常多问自己几个为什么？是什么？阅读的时候你就会不自觉地去着重关注这些地方，使自己可以获取更多的体会。

阅读时，把向自己提问当成一种习惯。

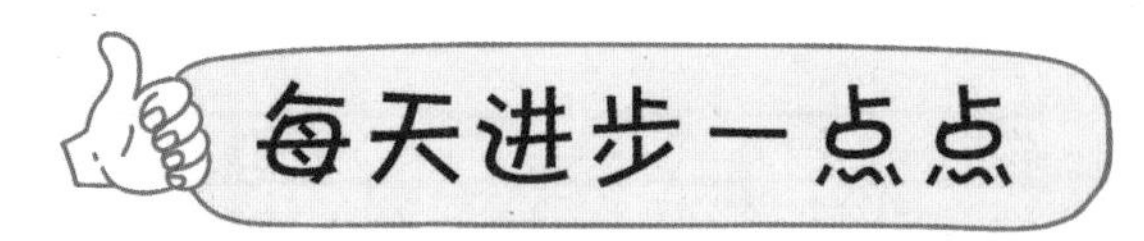

日拱一卒无有尽，功不唐捐终入海。找到适合自己的学习方式与方法，掌握一定的技巧，就能让自己的学习更加高效！

你今天掌握了什么新的学习技巧？

8 细化学习法：让新知识与已知知识建立联系

成长的烦恼

妈妈总是说我学习起来就像“熊瞎子掰棒子”——学了新知识，就容易忘了旧知识。我也尝试过很多办法，比如碎片化时间记忆、定时复习等，并没有多大的改观。一天，语文老师因为我文言文阅读题错得有点儿多，便找我谈话。我把这些苦恼告诉了老师，老师帮我分析，并给我讲了他上学时候的事情，还建议我试一试他的方法——细化学习法。

说说我的故事

英语课
这节课就讲到这儿，剩下的时间复习一下主要知识点。
hello.
morning.
afternoon.
evening.

小米，上节课说到具体时间前用什么介词？
啊！具体时间？用……介词……
hello
你好

具体时间前用“at”。

坐下吧，下次再问你。
真气人！怎么老是学了新知识，忘了旧知识。

怎么才能更好地巩固自己学过的知识呢？

这么多知识点，看都看花眼了，怎么记得住呀？

下课后
Unite one
真的好烦呀……
How are you?
Thank you

老师，我的大脑存储空间好像就这么大。
学会新知识，已知知识好像就放不下了。

我该怎么办呢？
小米不要着急，老师教你个学习方法，你试一下。

你把新学的知识点与之前学的知识点联系起来。
这样当你想到一个点时，就会串联出其他的点。

而且这些知识点本来就互相有联系，你只需要自己整理一下。
知
识
点

好，谢谢老师，我去试一下。

我可以熟练地用细化学习法去学习。

细化学习法真的可以把新知识与已知知识联系起来吗？

细化学习法就是在你所学习的新知识里面找到与已知知识的联系，然后用你自己的方式把这种联系归纳总结出来。例如，当学习到屈原的“举世皆浊而我独清，众人皆醉而我独醒”时，就可以联想到三闾大夫、楚国、爱国诗人、吃粽子、划龙舟等。联想到的已知事物越多，对于屈原生活的时代、环境以及屈原的作品，便会有更深入的理解。

由此可见，细化学习法能够帮助我们提高对新知识的掌握程度，方便我们在日后回忆并运用这些新知识。

当然，学习精细化并不是让我们面面俱到，而是在学习的过程中找到重点，然后针对重点反复练习、关联发散，直到掌握并能够运用它们去解决问题。

心理学家给你的建议

如何利用细化学习法把新知识与已知知识联系起来？

1 不断培养发散思维

把新知识和已知知识联系起来，需要具备发散性思维，比如在学习热传递原理时，我们可以自己手握一杯热牛奶，来更好地感受、理解什么是热传递，这样把体验和概念关联起来就容易多了。

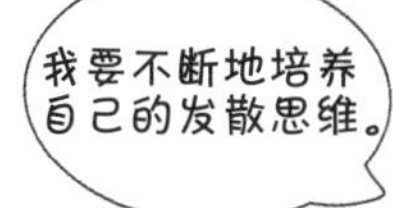

我要不断地培养自己的发散思维。

2 用好思维导图，让学习更高效

有些同学觉得画思维导图耽误时间。其实思维导图是细化学习法的一个很好的展现。将联想到的知识用思维导图画出来，简单明了，通过思维导图，可以帮助我们学会有序、全面且细致地观察、思考、分析厘清思维，从而能够系统性地理解知识的关联性。

我也尝试绘制一个思维导图吧。

3 善于向别人解释新学的知识

就像我们之前说的通过向外输出的方式来梳理与归纳的好处一样，用自己的语言向别人解释新学的知识，或者分析新学的知识与我们的生活有什么联系等，有助于将这些新的知识内化、吸收。

每天进步一点点

日拱一卒无有尽，功不唐捐终入海。找到适合自己的学习方式与方法，掌握一定的技巧，就能让自己的学习更加高效！

你今天掌握了什么新的学习技巧？

9 检索学习法：学会从记忆中检索已学知识

成长的烦恼

最近，我特别不理解妈妈的一些做法——我明明在课堂上很认真听讲、做笔记，课后也会复习当天学习的知识，掌握得也非常好。可是妈妈还总会时不时给我安排一些小测验，我就觉得特别烦。我都已经掌握了，为什么还要重复做这些呢？有这些时间多读些书、多学习些新知识不好吗？

·说说我的故事·

今天学习的知识点都已经记住了。

接下来预习一下吧。

睿睿，咱们互相提问检查一下知识点吧。
我已经记牢了。

再提问……我感觉有些浪费时间。
还不如预习一下新知识呢。

好吧，那我自己检查一下。

考试时
这个知识点背过！

想不起来了……

明明记得，怎么考试时忘得一干二净呢？
回家路上
妈妈，考试时，好多之前记住的都记不清了……
儿子，你背过后有进行自我检查吗？
好像没有。
儿子，下次背过知识点后，要用自我提问或其他方法检查一下哦。
这样会记得更好、更牢固。
难怪同桌这次考得不错，她用的就是这种学习方法！
儿子，这叫作检索学习法，你要向同桌好好学习呀。
好的，我知道啦。

我可以很好地利用检索学习法进行查漏补缺。

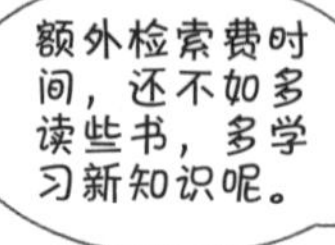

额外检索费时间，还不如多读些书，多学习新知识呢。

有些同学觉得自己上课认真听讲、课后认真复习，就掌握了知识，平时的测试或者考试都是多余。但实则“一看书都会，一考试就废”，考完试捶胸顿足：“我当时怎么就想不起来呢？”其实，这些都涉及一个玄机，即一种高效的记忆方法——检索式学习法。

检索式学习，是认知心理学家通过对很多高效学习的案例进行分析、归纳，总结出的一种简单、高效又实用的学习方法。一般的学习方法是通过阅读、记忆来完成的，实际上属于一种被动的知识灌输。但是如果我们在学习过程中能够对知识再提取，进行检索式思考，那么不仅能够巩固对所学内容的记忆，还能检验学习中的漏洞，达到查漏补缺的效果。这种检索、提取的过程就是主动学习的过程。

这就是为什么老师讲完知识点后会有简单的提问、测试，课后还有随堂练习以及考试，其目的不是看最后的成绩，而是在检索的过程中强化学习的效果。

心理学家给你的建议

如何利用检索学习法查漏补缺呢？

1 同一主题拓展，多样形式检索

当我们学习了李白的诗，可以看与李白有关的书籍，了解与李白及其好友有关的故事，查找关于唐代的视频资料等。在同一主题下拓展知识，让检索的形式更丰富、有趣。

阅读时同一主题拓展，多样形式检索。

问题检索练习，加深记忆，增进理解

除了测验和考试的形式外，还可以通过向自己提问，并且写下答案或者在大脑中复述答案的方式，来检测自己对新学知识的掌握程度，加深对新知识的理解，促进长期记忆的形成。

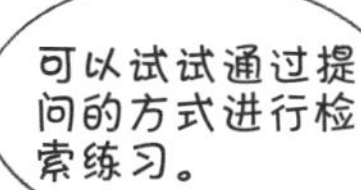

可以试试通过提问的方式进行检索练习。

间隔检索复习，提高记忆效率

可以按照知识的输入，比如每一课、每一章节、每一本书来进行检索；也可以按照记忆的规律，比如当天一次、两三天一次、一周一次、一月一次来进行检索……根据自己的习惯进行间隔检索，提高记忆效率。

按照每一章节去检索复习，提高记忆效率。

每天进步一点点

日拱一卒无有尽，功不唐捐终人海。找到适合自己的学习方式与方法，掌握一定的技巧，就能让自己的学习更加高效！

你今天掌握了什么新的学习技巧？

10 费曼学习法：用“输出”把知识牢牢记住

成长的烦恼

最近，我的同桌变得特别热心，总是拉着我要给我讲题，美其名曰要做我的“学习好队友”，特别是学了新的、难的知识后，我就成了他的讲解对象。可他明明讲得很不熟练，还经常卡壳，每当卡壳的时候就赶紧去研究明白，然后再给我讲……有的时候我都明白了，他还要给我讲，我真不理解他这是为什么。

说说我的故事

自习课

骏骏，我刚了解到一个新的学习方法。
你来帮我一个忙吧。
啊？

就是我把刚刚学到的知识点讲给你听。
啊？好吧。
知识点

一元一次方程的标准形式为ax+b=0……
知识点

一元一次方程必须同时满足四个条件。
第一个条件是……

你讲得好烂啊……
我再学一下，然后再讲给你听。

等式
a≠0
分母?
XT都为已知数……
课本

这真的管用吗?

自学十二分钟后……

骏骏，我重新给你讲一下这个知识点吧!
知识点

讲完后
这是什么学习方法?我怎么从来没有听说过?

这叫费曼学习法。
是我表哥教我的，他通过这种学习方法考上了名牌大学呢!

你能把这种学习方法具体给我讲解一下吗?
当然可以!

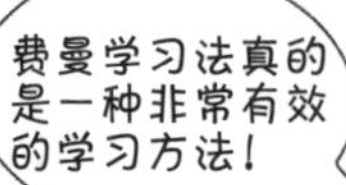

费曼学习法真的是一种非常有效的学习方法！

同桌讲题不熟练，经常卡壳，我真不理解她。

案例中小朋友的烦恼还是挺“幸福”的，因为他的同桌正在运用一种非常有效的学习方法——费曼学习法。如果他们能够形成默契，一起实施这个方法，将会取得很大的进步。

费曼学习法是诺贝尔物理学奖获得者理查德·费曼总结出来的学习方法，其核心是“以教促学”，即想象自己是一个老师，把自己学到的知识用简单直白的语言讲给别人听。如果能给一个完全不懂的人讲明白，那你就真正地理解了所学内容。而这恰恰正是学习的本质。

心理学研究表明，当我们使用自己的语言重新组织和表达所学的知识时，才会真正调动大脑里已有的知识，编织成紧密的神经元网络。而简单、直白的表述就意味着高度精练，越简单其实越难。看似是你给别人讲明白了，但真正受益的是你自己。

运用费曼学习法的技巧，花不了20分钟就能深入理解知识点，而且记忆深刻、难以遗忘。快来试试吧！

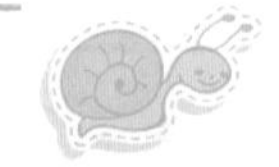

心理学家给你的建议

如何通过输出的方式把知识牢牢记住呢？

1 互助演练式输出

在刚学完新的知识后，可以通过同学之间的合作演练，进行新知识的互相输出。注意一定要用简单的语言，甚至是大白话，也可以用比喻、拟人等修辞手法，不要背诵原文或者用复杂的词汇表述。

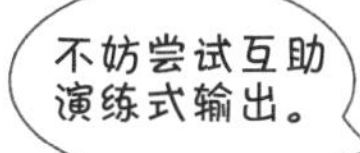

不妨尝试互助演练式输出。

2 积极地帮助不会的同学

在学习中，经常会遇到你已经学会了，但是有同学还没学会的情况。这种时候，你要热心起来，抓住这个机会，给不会的同学讲解，这样不仅帮助了同学，还会巩固自己对新知识的理解。

我要积极地帮助不会的同学。

3 卡壳的地方才是最有价值的地方

在讲解的过程中，出现卡壳、解释不清、遗漏的情况，也不要不好意思或者气馁，因为卡壳的地方就是你自己还没有完全弄明白的地方，需要再去翻阅课本或查资料，再研究、琢磨一遍，然后继续讲解，直至自己讲顺为止。

要记住，卡壳的地方才是最有价值的地方。

每天进步一点点

日拱一卒无有尽，功不唐捐终人海。找到适合自己的学习方式与方法，掌握一定的技巧，就能让自己的学习更加高效！

你今天掌握了什么新的学习技巧？

第三章

工具篇：

掌握让你高效学习的五大工具

11 思维导图：让抽象的思维和知识具象化

成长的烦恼

复习时，我要么翻翻课本，要么做一做练习题，有时候会觉得这样有点儿没意思，效率低，还容易疲劳。我的同桌跟我不一样，除了看课本、做题外，还经常在一张纸上写写画画。我挺好奇的，凑过去问他。同桌告诉我，他在用思维导图把整本书的知识都串联起来，这样复习效率更高。

说说我的故事

距期末考试还剩31天！

复习中

这种复习方式太低效了！
而且还不能把其他知识点串联起来。

有没有好的方法能提高我的复习效率啊？

小梦，你不复习，在写什么呢？

萱萱，我在画思维导图。

思维导图？
简单来说就是一种用来辅助学习的工具。

思维导图可以把整本书中的知识都串联起来。
把知识具象化，复习就会更高效。

是不是比我翻书复习要快呀？
那肯定呀！
给你看看我做的思维导图。

小梦的思维导图
小数乘小数
倍数的含义
实际应用
小数乘法
四舍五入法
求积的近似值
实际应用
积的近似值
第一单元
小数乘法
小数混合运算
连乘
乘加
乘减
乘法运算定律
乘法分配律
乘法结合律
乘法交换律

哇！你总结得好全面呀，所有内容一目了然。
嗯，复习时看思维导图真的很高效哦！

小梦，你能教我做思维导图吗？
好呀！

我能够熟练掌握并使用思维导图提高学习效率。

用思维导图复习真的很有用吗？感觉也就那样吧。

思维导图是著名心理学家、教育家托尼·博赞发明的，现在已经成为风靡全球的思维工具。思维导图简单来说就是思想地图，是一种将抽象的思维变得清晰可见的直观、高效的学习工具，可以帮助我们对思维过程进行具象化处理，从而优化思维模式，提高记忆、归纳、阅读等能力。

逻辑清晰、一目了然是思维导图的优势。确定好需要梳理的主题，然后向四周延伸发散出各个二级主题，再分出三级主题和更多的子主题，用图片或者言简意赅的文字及线条共同构成一幅思维导图。

思维导图应用非常广泛，比如日常各项繁杂的学习计划、会议记录、课堂笔记、解决方案、项目管理、个人思考和写作等。希望大家能够熟练掌握并运用这一简单高效的学习工具，提高学习的主动性，增强学习能力。

心理学家给你的建议

如何巧用思维导图提高学习能力？

1 将知识点体系化，记忆更方便

运用思维导图把学过的知识点进行有条理的归纳，整理成一个有体系的架构，使其更加一目了然，以便在学习、复习的时候更方便记忆。

运用思维导图把
知识点体系化，
记忆会更方便。

2 让逻辑更清晰

在写作的过程中，可以运用思维导图，清晰地把自己的想法画出来，让自己的写作思路有条理、逻辑清晰，能够更好、更高效地完成文章。同理，也可以用思维导图在阅读中对文章内容进行梳理。

巧妙地运用思维
导图会让逻辑更
清晰。

做好鱼骨图，更好解决学习中的“鱼刺”

在学习中，可以通过鱼骨图更好地解决问题。主题就是提高成绩，影响学习成绩的因素就是“鱼刺”，把一根根鱼刺列出来，从而一个个找到原因、解决问题，让自己的学习成绩进一步提升。

在学习中，可
以通过鱼骨图
解决问题哦。

每天进步一点点

日拱一卒无有尽，功不唐捐终人海。找到适合自己的学习方式与方法，掌握一定的技巧，就能让自己的学习更加高效！

你今天掌握了什么新的学习技巧？

12 尼尔森记忆法：让你的记忆更高效

成长的烦恼

最近，我们学习了太阳系的八大行星，可我怎么都记不住，要么忘了名字，要么就忘了顺序。正当我急得抓耳挠腮的时候，同桌告诉我："你可以通过尼尔森记忆法来帮助记忆，我就是通过这个办法使自己的记忆更高效的。"我听完将信将疑地问道："真的这么管用吗？"

说说我的故事

科学课
大家一定要记住太阳系的八大行星。
火星
木星
土星
天王星

半节课后……

怎么啦，皓皓？

半节课过去了，八大行星我还是记不住。

可能是你的记忆方法有问题。

我之前背东西也慢，后来学习了尼尔森记忆法，现在背东西可快了。

什么是尼尔森记忆法？
尼尔森记忆法是一个叫尼尔森的人发明的。

也叫尼尔森五步记忆法，是记忆的五个小窍门。

第一步：专注。
记忆时，注意力要高度集中。

第二步：练习。
要擅长做某事，你就必须不断地练习。

第三步：储存图像。
把八大行星看作一个整体画面，然后把每颗行星放进去。
嗯，下一步呢？

第四步：储存信息。
找个方法把信息与你已知的事情联系起来。
比如地球前后是什么行星、哪颗行星最大、哪颗最漂亮等。

最后一步就是回忆、回忆、再回忆。
原来是这样！我也去试试。

心理学家和你
聊聊天

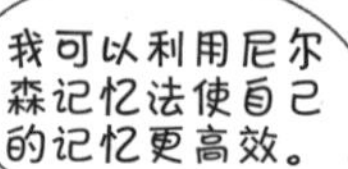
我可以利用尼尔森记忆法使自己的记忆更高效。

最近学习任务加重了，我的记忆力好像衰退了。

美国记忆大师尼尔森·戴利斯是五届美国记忆大赛的冠军，他曾记住圆周率小数点之后的一万个数字，15 分钟内记住了 235 个名字，30 分钟内记住九副扑克牌的排列顺序。他所运用的就是五步记忆法。

第一步：专注，也就是集中注意力。第二步：不断地练习，“要想擅长做某件事情，你就必须不断练习”。第三步：想象事物的画面，因为大脑对图像的记忆力比对抽象事物的记忆力要好得多。第四步：储存信息，即找个方法把信息与你已经知道的事情联系起来。第五步：回忆，回忆，再回忆。

这一方法在日常学习中的应用主要是专注、画面联想与练习。我们在学习中可以根据实际情况，将尼尔森记忆法和其他方法相结合，提高记忆效果。当然，学习记忆方法不是为了让大家变成“背书机”，也不是要练就过目不忘的本事，而是希望大家掌握一些记忆诀窍，提高学习效率。

尝试一下，你也可能是下一个记忆大师！

心理学家给你的建议

如何利用好尼尔森记忆法，使自己的记忆更高效？

1 专注是第一要务

经常在背东西时走神的同学要多分析原因，是没找对自己的记忆黄金时间，是环境干扰，还是有心事……同时进行专注力训练，给自己心理暗示：“我要记住它。”总之，注意力集中，记忆才高效。

我怎么老是在
背东西的时候

2 展开想象，用画面和关键词帮助记忆

大脑对于图像的记忆要比纯文字敏感很多，借助联想画面，能让记忆形象又深刻。如要记住《暮江吟》中的“一道残阳铺水中，半江瑟瑟半江红。”可以想象夕阳西下、照耀江面的样子，“瑟瑟”和“红”是颜色词，“铺”是动作词，这样就能很快记住啦！

想想画面，进行
关键词记忆。

3 谐音加联想法，关联巧记

比如在记《桃花扇》的作者孔尚任时，可以这样做：孔尚任谐音“孔上人”，那么我们就可以想象在一把桃花扇上有个孔，孔上有个人，所以《桃花扇》的作者就是孔尚任。

可以利用谐音加
联想法一起进行
关联巧记。
谐音
联想

每天进步一点点

日拱一卒无有尽，功不唐捐终人海。找到适合自己的学习方式与方法，掌握一定的技巧，就能让自己的学习更加高效！

你今天掌握了什么新的学习技巧？

13 康奈尔笔记法：学会记笔记，知识会更有体系

成长的烦恼

课后，老师让我们把今天学习的内容记成笔记。当我记完笔记，翻看笔记本的时候，发现我的笔记杂乱无章，想要找到某个知识点简直难上加难。再看看同桌的笔记本，一页纸上分了好几部分，又规整又清晰，简明扼要。真羡慕啊，同样一起听课，他是怎么做到的呢？

说说我的故事

同学们，把
今天的知识点
都记一下。

上次记的知识点
怎么找不到了
呢？奇怪了。
笔记本

笔记本
看，上次
的知识点。

同桌的笔记
副栏
主栏
副栏
①
②
③
④
⑤
总结：
总结：

小云，你这笔记记得真好啊。
既有概要，也有详细的内容，还分了很多区域。
笔记本

方便
这样查找起来真方便啊。

不像我的，写完之后就找不到了……

骏骏，其实这叫康奈尔笔记法。
它可以帮助我们更高效地做好笔记。
笔记本

不仅可以简化地记录知识点。
还可以提升复习效率呢。

听起来真不错！
我也要试一试康奈尔笔记法。

我也要像同桌一样，用康奈尔笔记法记好笔记。
笔记

我的笔记杂乱无章，追溯知识点很困难。
笔记

好的笔记不仅可以让我们复习时心情愉悦，还能大大提升学习效率。案例中这位同学的同桌就非常善于做笔记，采用了实用又高效的康奈尔笔记法。

康奈尔笔记法是康奈尔大学的教授沃尔特·鲍克等发明的。简单来说，就是把一页纸分成三部分：笔记栏——右上方最大的空间，主要记录便于回顾知识点的课堂内容，层级、表达和形式要简洁；线索栏——大约占左边四分之一的空间，用来简化笔记栏的核心知识点、主题、问题、学习的提示等，以便背诵时参考；总结栏——大约占下方五分之一的空间，主要用于提炼主题、记录思考和评价等，便于复习回顾、查漏补缺。

康奈尔笔记法把记录、简化、背诵、思考和复习都归纳到一张纸上，既方便上课快速记录，又便于复习和记忆，大家不妨学会把它用起来！

心理学家给你的建议

运用康奈尔笔记法时的几个关键点

笔记栏要保持简洁、层次分明

笔记栏内要记录的可不是获取的所有信息，而是关键词、关键语句，否则就会跟不上老师讲课的速度了。可以创建自己能够理解的一套符号标志，减少记录时间。也可以利用思维导图等形式，记录关键信息。

笔记栏要保持简洁，层次清晰。

不要忽略疑问，注意查漏补缺

在听讲的过程中，如果在哪个环节不懂、不清楚或者有疑问，也要快速地记录下来，课后及时解决。如果老师讲课的节奏快，导致笔记没跟上，就要做好标记，课后及时补充，使笔记更完整。

有疑问时快速记录下来，课后及时解决它。

思考总结，定期回顾

这一点是康奈尔笔记法的精髓。可以结合前面讲的费曼学习法，盖住笔记栏，参考线索栏，用自己的话复述笔记栏中的内容，独立思考，保证复习效率，加深对知识的理解。

要思考总结，定期回顾。

每天进步一点点

日拱一卒无有尽，功不唐捐终入海。找到适合自己的学习方式与方法，掌握一定的技巧，就能让自己的学习更加高效！

你今天掌握了什么新的学习技巧？

番茄钟：让学习无压力的时间管理法

成长的烦恼

放假在家写作业，总是写着写着就走了神，效率十分低下。我也知道这样不好，也会时不时提醒自己，但坚持一会儿就又心猿意马了。我跟爸爸诉说了我的苦恼，第二天爸爸下班到家后，故作神秘地递给我一个小盒子，我打开一看，原来是个番茄计时器。家里也有很多可以计时的工具，这真能帮我提高效率吗？

说说我的故事

做作业中
一个小时后

唉，我怎么又走神了……

这已经是第三次了，为什么会这样呢？

爸爸，我老是在学习的时候走神，
经常心猿意马。

这让我学习的效率非常低……
我该怎么办呢？

小米，先
不要着急。
是学习时间
稍长一些就
会这样吗？

其实这是
大脑发出的
疲劳信号。
是的。

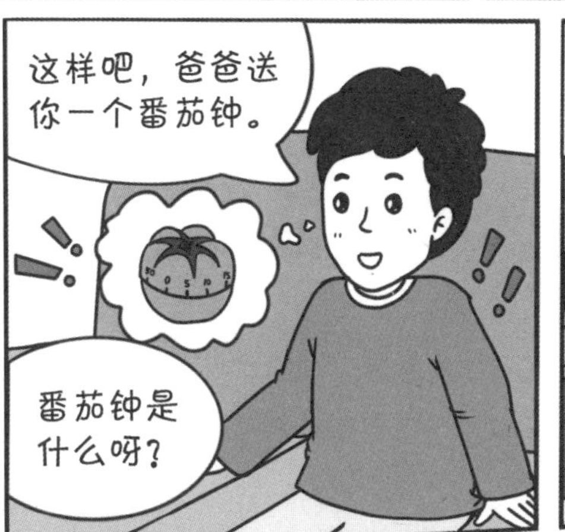
这样吧，爸爸送
你一个番茄钟。
番茄钟是
什么呀？

是一种特别
的计时器。
过来看。

双手扭动番
茄钟就能进
行计时。
左右扭动！
15
25
35

学习时，把番茄钟
扭到头，响铃后，
奖励自己休息
十分钟。
我试试。

做好时间管理这件事，不光对小朋友们来说很难，对很多成年人来说都是难题。如果管理时间的能力有限，不妨借助一些“神器”——沙漏、定时计时器、番茄钟、可视化时间管理器等，来帮助我们进行时间管理。今天咱们主要说说其中较热门的番茄钟。

番茄钟是意大利人弗朗西斯科·西里洛于20世纪80年代末发明的一种更微观的时间管理工具。一个番茄时间为25分钟，之后休息5分钟；每四个番茄时间结束后进行大休，时间为15~20分钟。这就是番茄时间管理法。

番茄时间管理法的基本原理是通过劳逸结合和合理安排时间，优先完成最紧急和最重要的事情。番茄钟的工作及休息时长可根据自身情况进行调整，对于小学阶段的孩子来说，25分钟的设定能够保证专注，适度用眼，基本符合近视防控的要求，非常适合日常的学习。

心理学家给你的建议

如何运用番茄钟提高自己的学习效率呢？

1 列出自己的学习清单

提前列出自己的学习清单，并且确定每个学习任务的执行顺序、执行时间段以及用时的多少。以 25 分钟为一个番茄时间，如果预计要用 50 分钟，则要设定两个番茄钟。

运用番茄钟前先列出自己的学习清单
学习清单

2 杜绝一切干扰和诱惑

在一个番茄钟的 25 分钟里，需要排除一切干扰和诱惑因素，无论是外在的还是内在的。在这 25 分钟里，鼓励自己全身心地投入，坚决不让自己开小差。

要让自己杜绝一切干扰和诱惑。

3 记录每天的任务完成情况

把自己需要完成的任务、预测用时以及实际的完成记录制作一个“番茄钟学习法每日记录表”，记录每个任务和目标的进展情况，包括关键步骤和遇到的问题，同时进行反思和总结。

尝试做一个“番茄钟记录表”。

每天进步一点点

日拱一卒无有尽，功不唐捐终入海。找到适合自己的学习方式与方法，掌握一定的技巧，就能让自己的学习更加高效！

你今天掌握了什么新的学习技巧？

15 任务清单法：把任务一项项有条不紊地完成

成长的烦恼

明天就是周末了，不用上学，本来是特别开心的事情，可是我发现有好多事情需要完成，而且一想起上周忘记了好几件事情，我就又着急又焦虑。妈妈告诉我，她在工作中也会面临很多任务，最常用的办法就是列个任务清单，按照清单一项项地完成。要不我也试试这种方法？

说说我的故事

明天就是周末了，干点儿什么呢？

对了！要和同桌去图书馆。
还要帮爷爷打扫菜园子！
还要写作业！

上周就因为时间紧张，忘了好几件事……

睿睿，怎么了？怎么满屋子瞎溜达呢？

妈妈，明天我有好多事要做，我怕会像上周一样忘事。

我要怎么做才能杜绝这种情况发生呢？

这还不简单嘛！只需要做一个任务清单就行了。
把所有任务都写上去，完成一个划掉一个就行了。

妈妈事情多时也会这样做，百试百灵！
嗯。

这下不会再忘记有什么事要做了吧！
任务清单
1.去图书馆
2.去爷爷菜园
3.写作业
4.帮妈妈洗碗

周六晚上
妈妈，我今天所有任务都完成了。
好开心啊！

我可以灵活运用任务清单，高效地完成日常事务。

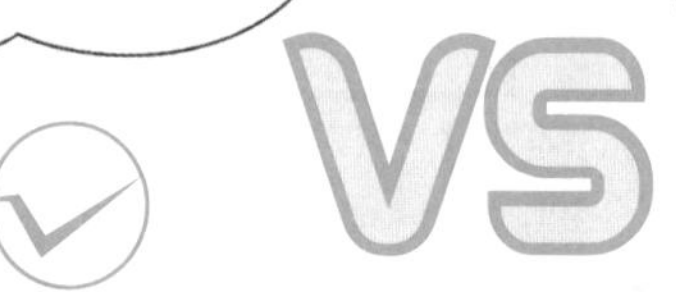

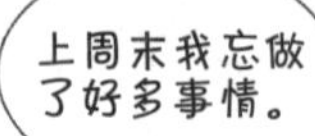

上周末我忘做了好多事情。

在我们日常的学习和工作中，很多人都会感觉任务烦琐、时间不够用，经常无法在规定的时间内完成任务，有时甚至需要熬夜奋战。那么安排好自己的任务、管理好时间，就是提高效率的关键了。

对自己需要完成的学习任务和事情提前规划和安排，用逐条列举或者表格记录等方式进行呈现，并据此实施。这样既能起到提醒的作用，又能提高效率，这就是任务清单法。

任务清单法的运用可以给人带来一定的目标感、紧迫感，以及完成任务的喜悦感和成就感，让我们能够更主动、更高效地完成学习任务和重要的事情。

心理学家给你的建议

如何运用任务清单法，高效完成日常事务呢？

1 提前列好清单，并定好各项任务的截止时间

梳理任务和目标，提前将任务清单列好，对于有冲突的任务，要注意恰当分配时间，并给每项任务加个截止时间，以激励自己行动起来。

要梳理任务和目标，提前将任务清单列好。

2 给任务排个轻重缓急的顺序

重要且紧急的任务应该立即处理，重要但不紧急的应该安排在不久的将来完成，紧急但不重要的可以让其他人帮忙，既不紧急也不重要的可以放到最后处理。

可以给自己的任务按轻重缓急排个序。

3 巧用便利贴，让任务清单更直观

在便利贴上写下每项任务（一项任务用一张便利贴），并粘贴在“待办事项”列中。当开始处理任务时，就把对应的便利贴移到“进行中”列中。完成任务后，再将该便利贴移至“已完成”列中。如此，任务动向就一目了然了。

一项任务就用一张便利贴记录，用完撕掉就好啦。

每天进步一点点

日拱一卒无有尽，功不唐捐终入海。找到适合自己的学习方式与方法，掌握一定的技巧，就能让自己的学习更加高效！

你今天掌握了什么新的学习技巧？

第四章

行动篇：

几个小行动，轻松获得学习力

16 记忆的黄金期——睡前把知识“过电影”

课间，我和同桌聊起睡觉前都在做什么。睡前我的作业都做完了，爸妈就不管我了，大部分时间就打打游戏、看看视频或者玩别的……同桌觉得睡前是记忆的黄金期，他会用来复习，把当天学习的知识在大脑里过一遍，从而加深记忆。我终于知道我和同桌的差距在哪儿了，此时恨不得找个地缝钻进去……

说说我的故事

课间
骏骏，你睡觉前的一段时间都干什么呢？
睡觉前？
打打游戏、追追剧、看看小说……
打游戏
看小说
追剧
小说
小维，你呢？
我可和你不一样。

“过电影”
我睡前会把学过的知识像电影一样在大脑里过一遍。
on Sunday morning
go for a walk =
3. be glad to do sth.
4. have a chat. 闲谈.
都要睡觉了还记知识点，会不会没有效果呀？
不会呀！
有研究发现，睡前的这段时间是记忆的黄金期。
这段时间会比平时的记忆力更好呢。
我已经连续尝试好多天了。
真的吗？那我也尝试一下。

我可以利用好睡前记忆黄金期。
VS
可是我觉得睡前打打游戏，刷会儿视频挺好的呀。

研究表明，人的大脑在一天中有四个时间段最为活跃，分别为早晨6~7点、上午8~10点、下午6~8点，以及睡前一小时。如果你是早起后不能立马精神起来的人，那么把睡前的时间利用起来，同样能提高学习效率。

人们在睡眠时，大脑会对所学知识重新进行整理并储存，所以睡眠能够让记忆更稳固地固定在大脑中。因此，利用睡前10~20分钟的时间复习一些不用逻辑思考的暗记类内容，效率会更高。复习或者自我提问的过程就是对当天所学内容不断“挖掘”的过程，即便结束后很快睡着了，或者有的没记住，也没关系，因为大脑已经形成了挖掘知识链条的习惯，这个习惯就像一粒种子，慢慢发芽。

当然，利用睡前的记忆黄金期的前提是不能因此削减睡觉的时间，否则会影响第二天学习时的思考能力，甚至影响大脑的反应速度和理解能力。

心理学家给你的建议

如何利用好睡前的记忆黄金期？

1 暗记类内容更适合“过电影”

适合睡前“过电影”的内容最好是不用逻辑思考的暗记类内容，比如古诗词、课文、英语单词、解题方法、公式等，这样不仅能起到良好的复习作用，还能提高记忆效率。

暗记类的内容更适合睡前“过电影”哦。

2 “过电影”的时间不宜过长

睡前用来回顾、记忆的时间限定于睡前的一个小时内，小学生有 20 分钟就可以了，不宜过长。如果长时间用脑，大脑就容易兴奋起来，导致无法入睡。

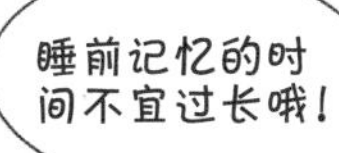

睡前记忆的时间不宜过长哦！

3 “过电影”的时候只依靠大脑

在“过电影”的过程中，不要借助笔记、课本或手机，而应该完全靠大脑来回忆内容。这个过程刚开始可能不会那么轻松，有想不起来的内容也不用怕，努力回想的过程其实就是启动记忆挖掘的过程。

在“过电影”的过程中，只依靠大脑效果更佳。

每天进步一点点

日拱一卒无有尽，功不唐捐终入海。找到适合自己的学习方式与方法，掌握一定的技巧，就能让自己的学习更加高效！

你今天掌握了什么新的学习技巧？

17 上课专注，积极参与、不溜号

成长的烦恼

我不上课时像个活宝，一上课就沉默。上课的时候，我最害怕听到的就是“哪位同学回答一下这个问题”“我请一位同学来回答”，每当这时候我就特别紧张，甚至不敢看老师的眼睛，整节课上都不积极。同学们经常嘲笑我一上课就像霜打的茄子一样蔫了吧唧的，为此我非常苦恼。我要怎么做才好呢？

说说我的故事

课堂上
同学们，谁能回答一下这个问题？
and 比较级
越来越…
The shadow is getting ?
A.long and long
B.longger and longger
C.longer and longer
D.longest and longest

我来！

不要叫我！不要叫我！
英语

小棠，你来回答吧。

这道题选C，因为……
自信
流利

he shadow is getting C
A.long and long
B.longger and longger
C.longer and longer
D.longest and longest
真棒，大家都要向小棠同学学习啊。

下一道题谁来回答？
B.longger and longger
我来回答！
我！

别叫我！

丁零零
A.long and long
这节课大家都表现得不错，以后继续努力。
皓皓，看你上课老是眉头紧锁，也没积极举手，是没懂吗？

要试着踊跃回答问题，积极融入课堂的学习氛围里。
积极

加油呀，皓皓。要把自己的激情全都调动起来哦。
我知道了，老师。

我可以积极踊跃地回答老师提出的问题。

我最害怕被提问了，甚至都不敢看老师的眼睛。

在幼儿园和小学低年级的教室里，经常可以看到学生们积极踊跃地回答老师的问题。被选中回答问题的学生会很开心，没有被选中的学生甚至会很失望。但是随着年级的升高，这样的课堂氛围变得越来越少见。有的学生觉得自己都会了，就不想举手回答了；有的学生没有学会，就害怕老师让自己回答；有的学生担心自己回答错了，会被同学们笑话，因此也不敢举手。

其实，学生们积极地参与到课堂中，老师才能更好地观察大家的掌握情况。而且，不管会不会，上课积极参与，都能让我们跟着老师的节奏走，避免开小差，促使我们上课更加专注。

课堂上并不是每个人都能发言，能够发言其实是非常难得的机会，大家应该为自己的勇气感到欣慰和自豪，而不是为自己的回答感到担心或尴尬。当然，如果你天性内向，上课虽然不那么踊跃，但只要专注认真，也是好样的！

心理学家给你的建议

怎么做才能上课积极参与、不溜号呢？

1 勇敢地举起手来

不要害怕回答错，也不要担心别人的眼光，当你勇敢举起手的那一刻，你就已经战胜了其他人，也战胜了内心深处那个懦弱的自己。

不要怕回答错，也别在意别人的眼光。

2 增加与老师、同学的互动

如果你感觉课上举手对自己来说跨度太大，那么你可以循序渐进地参与进来，逐渐增加自己与老师、同学们的互动，慢慢地把自己带入课堂氛围里。

萱萱，我们一起去问问老师吧。

3 做好预习，不打无准备之仗

打铁还须自身硬，要想勇敢自信地参与到课堂中、踊跃回答老师的问题，最好的方式就是做好预习。掌握一定的知识之后，你的参与才会变得游刃有余。

每天进步一点点

日拱一卒无有尽，功不唐捐终入海。找到适合自己的学习方式与方法，掌握一定的技巧，就能让自己的学习更加高效！

你今天掌握了什么新的学习技巧？

18 不怕拦路虎，不会的问题一定要弄清楚

成长的烦恼

自习课上，同桌做题时遇到了不会的问题，便问我会不会。我一看，刚好是我也不会的那道题，便说道："这道题我也不会，但感觉并不太重要，不会应该也没事。"同桌听了我的话说："遇到不会的问题一定要弄清楚，像你这样搁置，问题会越积越多的。"一道题而已，同桌至于说得这么危言耸听吗？

说说我的故事

自习课

$3ab-a^2-2ab-3a^2$.
怎么化简？

小蕊，这道题你会做吗？我一直没有做出来。
这道题我也不会……
练习册

这题太难了，一看这样的题我就不想做。

我不行，不会的题不弄清楚，我心里憋得难受。

如果一直搁置，问题只会越积越多，永远也不会有解决的那天！

我……

睿睿，这道题你会吗？
可以给我讲一下吗？

这道题我也不会，等下课我们一块儿去问老师吧。
嗯。

办公室

小蕊，这道题并不难，只是有一点我们没想到。
你看……

我为什么不能像同桌一样，坚持把不会的问题弄清楚呢？

遇到不会的题，我会及时想办法解决他。

面对作业中的“拦路虎”，我总是习惯性逃避。

一个人能不能战胜困难和一个学生能不能解出难题是同样的情况，战胜这个困难和解出这道题并不是根本，最重要的是培养自己在困难的事情前积极思考、尝试解决的想法和习惯。人的天性是趋利避害的，大脑也是一样的，惰性也是大脑的天性。当我们遇到难度较大的任务或者题目的时候，大脑总会习惯性地逃避，也就是所谓的被“拦路虎”打败了。

实际上，不管是在学习还是在生活中，这个世界上的每一个人都会遇到自己难以解决的问题。在面对这些问题的时候，你要做的不是顺从大脑的惰性，委曲求全、得过且过，而是要保持积极的野心与习惯，下定决心去解决它、战胜它。当你面对问题得过且过的时候，问题便会越积越多，直到无法解决，你那颗积极的决心也会随之被磨灭。所以，遇到问题不要搁置，要及时想尽一切办法去解决它、攻克它。

心理学家给你的建议

面对作业中的“拦路虎”，我们应该怎么克服呢？

1 打破犹豫的“纱窗”

遇到问题时不要犹豫，要敢于把问题抛出来，向有能力的同学或者老师求助，不要想着也许过段时间就会了，这样只会让你的问题越积越多。

要勇敢打破犹豫的“纱窗”。

2 推倒焦虑的“围墙”

当在学习中遇到问题时，阻挡你的是你的担忧与恐惧。不要惧怕难题会有多么巨大，你要做的就是打破这堵“围墙”，让自己勇敢地跨过去。

当在学习中遇到问题时，我会勇于克服焦虑。

3 把解决问题当作自己进步的桥梁

在学习中，每个人都会遇到问题，遇到问题恰恰是你努力学习的见证，如果没有问题，这其实才是有问题的。不要把有问题当作是自己愚笨，而是要把发现问题、解决问题当作进步的桥梁。

要明白，没有问题才是真正的问题。

每天进步一点点

日拱一卒无有尽，功不唐捐终人海。找到适合自己的学习方式与方法，掌握一定的技巧，就能让自己的学习更加高效！

你今天掌握了什么新的学习技巧？

19 利用好网络，电脑不是只能打游戏

成长的烦恼

放学回到家，我迫不及待地打开电脑玩起了游戏，不知不觉一直玩到吃饭的时候。妈妈看到我还埋头在游戏中，气不打一处来："就知道打游戏，这么好的电脑也不好好利用。"吃完晚饭，爸爸坐在电脑前，把我叫过去，耐心地跟我说："电脑除了用来打游戏，还有更大的价值，你看……"

说说我的故事

放学回到家

哈哈！

吃饭啦！

买了电脑就知道打游戏，也不好好利用一下！

电脑还能干什么呢？

快来吃饭！吃完后，爸爸告诉你电脑的厉害之处。

吃完饭后
用电脑就能查到你放学后问我的三星堆的介绍。
还可以查询许多其他问题。
嗯。
还可以搜索出名师的讲解。
难题
讲解过程可以反复观看，不怕学不会。
儿子你看，电脑除了打游戏，是不是还有更好的用处啊？
嗯。
电脑的价值在于你怎么去使用它，用得好，价值就大。
娱乐只是很小的一部分。
我明白了，爸爸。
我以后会好好地利用电脑。

我能好好利用网络，发挥电子产品的优势。

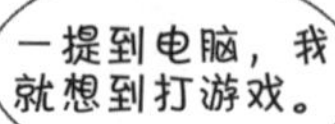

一提到电脑，我就想到打游戏。

如今，手机、电脑、学习机等电子产品已经成了我们生活中不可缺少的一部分。特别是上网课期间，很多同学都不自觉地把电子产品当作自己形影不离的好朋友。你的父母是否也因为你长时间看手机、玩电脑、打游戏而担心、苦恼呢？

爸爸妈妈之所以不想让你过多地使用电子产品，主要是担心会分散你的注意力，伤害眼睛，甚至影响你的学习。虽然有时候他们控制你使用电子产品的方式不是那么合适，但绝对是源自对你的关心。

除了利用电子产品适当地游戏、放松外，还可以利用强大的网络来查询资料、处理信息、上网课、锻炼身体等。电子产品有更大的效用需要你去探索、去发现，那绝对比征服一关游戏带来的成就感大得多。

好好发挥电子产品和网络的优势，让它们成为你学习和生活的好助手，让我们的生活变得更加丰富多彩和便捷。

心理学家给你的建议

如何利用好网络、发挥电子产品的优势，为学习助力呢？

1 学会使用搜索引擎

学会使用搜索引擎，养成主动搜索的习惯。网络是个大的资料库，能够帮助我们由浅入深、由点及面地全面了解知识，比如关于地球、行星、宇宙的系列内容。

2 利用好免费、优质的学习网站

便捷的网络让很多资源可以共享，同时也使教育的内容和形式更加丰富多样。选择自己感兴趣的知识性内容，比如科普短片、TED 演讲、哔哩哔哩等，可以极大地满足我们对于知识的渴求。

要把网络当作我们学习的平台。

优质 App 为学习助力

互联网上有很多有趣、优质的 App，不光有学习类的“洋葱数学”“百词斩”“纸条”，还有运动类的“keep”“天天跳绳”等，可以丰富我们的生活。

互联网上有许多优质 App 可以为学习助力。
学习帮
百词斩

每天进步一点点

日拱一卒无有尽，功不唐捐终人海。找到适合自己的学习方式与方法，掌握一定的技巧，就能让自己的学习更加高效！

你今天掌握了什么新的学习技巧？

痛痛快快玩，痛痛快快学，切忌边玩边学

成长的烦恼

周末在家，终于迎来了每周一次看动画片的时候。今天早上答应了妈妈上午好好写作业，等她回来的时候检查，可是动画片也真的好想看呢。正在我左右为难的时候，脑子里突然萌生出一个想法——要不就边写作业边看电视吧，这样两不耽误。随后我又有些犹豫，这样真的会两不耽误吗？

说说我的故事

周末在家
睿睿，吃完饭记得好好写作业。

不要偷懒哦，回来我会检查。
嗯。

一个小时后
呀！每周一次的“科普总动员”栏目要开始了，这可不能错过。

检查
可是……

哎呀，
好纠结！
科普
总动员
作业

要不边写作业
边看科普总动员
吧，这样就两不
耽误了。

科普
总动员

作业终于
写完啦。

晚饭后
儿子，你这
作业怎么写
错了这么多？
作业本
你看这都写串
行了，一点儿
都不专心。你
都干什么了？

对不起，
妈妈。
我边看电视
边写作业
了……

我可以踏实地专注于当前的学习任务，全神贯注。

我做事三心二意，边学边玩，什么都没有做好。

李大钊先生教育子女说：“小孩子做什么事情都不能三心二意，要学就学个踏实，要玩就玩个痛快。”这句话就是告诉我们要把自己所有的注意力集中在正在做的事情上，专心致志地把它做好。切忌边玩边学，这样不仅玩得不开心，学习的效率也会十分低下。

有一种定律叫作专精定律，意思是说做事要全神贯注，集中于一点，这样的人往往更容易取得更好的成绩。古代有个人叫弈秋，是全国最擅长下棋的人。弈秋教两个人下棋，其中一个人专心致志地学习，只听弈秋的教导，另一个人虽然也在听弈秋的教导，心里却想着把天鹅射下来。虽然二人一起学习下棋，但是后者棋艺不如前者，由此可见专心致志的重要性。我们的日常学习也是如此，如果你同时想着学习和玩耍，就像在学下棋的同时想着射天鹅，最终两件事情都做不好。

心理学家给你的建议

如何杜绝边学边玩的情况呢？

1 留出充足的时间去放松、去玩耍

每天对自己的学习与玩耍做一个规划，留出充足的时间让自己去放松、去玩耍。并且严格划分学习和玩耍的时间，学习就要好好地学习，玩耍就要好好地玩耍，两者不要混到一起。

2 让周围的环境充满“动力因素”

书桌上只放一些与学习有关的东西，看到这些就能提醒自己学习。一张满分试卷、一句鼓励的话等都可以激发我们完成目标的欲望，成为我们专注地坚持完成一件事的动力。

3 与父母沟通好，让他们尽量不来打扰

如果父母聊天或者做其他事情影响到你的学习，那就跟父母沟通好，请他们注意。如果父母总是时不时地来提醒你，一趟趟地来看你，从而打扰到你，也应该告诉他们，请他们给你更多的信任。

爸爸妈妈，电视的声音可不可以小一点儿？

每天进步一点点

日拱一卒无有尽，功不唐捐终人海。找到适合自己的学习方式与方法，掌握一定的技巧，就能让自己的学习更加高效！

你今天掌握了什么新的学习技巧？

第五章

实战篇：

轻松解决学习问题，
做个小“学霸”

21 学过的知识我就不想看了，怎么办？

成长的烦恼

我学东西比较快，而且自我感觉良好，觉得学过的知识都能掌握得非常牢固，所以，我觉得复习比较多余，每次老师留复习的作业，我都特别不情愿地潦草做完。直到有一天，同桌用一道学过的知识点的题把我难住了，我这才意识到自己是多么可笑。我不禁反思，自己认为已经掌握了的知识也是需要经常巩固的。

说说我的故事

临近期中考试
英语

复习中

这页内容记得挺清楚的，不用多复习了。

这一页也挺熟悉的，直接过了。

过了一段时间后……

都复习完啦！

复习也太没劲了，这些知识还都记着呢。

还不如学新的
知识有趣呢。

小蕊，这道题你还
记得吗？之前老师
讲过，我忘了。

这道题我有
印象，解法是
什么来着？
我刚刚还看到这
个知识点了，怎
么想不起来了？

原来你不会呀！
我看你复习完了，
以为你全都掌握
了呢。
哈哈哈

我……
那个……
我……
真是太
尴尬了。

原来我并没
有掌握得多
熟练……
学过的知识
还是得多回
头看看。

心理学家和你
聊聊天

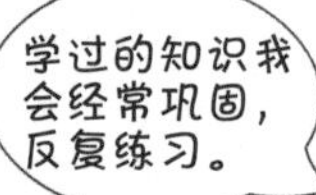
学过的知识我
会经常巩固，
反复练习。

VS

学过的知识我
已经掌握了，
不想再看了。

我们先来看一个比喻：浴缸内有一定量的水（旧知识），水龙头还在放着水（新知识），底部排水阀也打开着（正常遗忘），水的存量决定我们能否洗个舒服的澡，水的流量决定我们能洗多久。从学习知识的角度看，存量之所以重要，是因为它决定着我们的整体实力，流量则决定着我们有多大的潜力。

如果我们不愿意复习学习过的知识，虽然也在不断地吸收新知识，但是旧知识会从开着的排水阀遗忘掉。有规律地复习旧知识，就像暂时关闭排水阀，这样知识的存量就会变大，实力也会相应提升。

复习并不是在浪费时间，而是不断巩固，让对所学知识的理解更加深刻，是一项事半功倍的工作。没有人能一次或者几次就能把知识掌握得很牢固，只有通过一次又一次的回顾与重复，才会使得知识存留的时间长一些。

心理学家给你的建议

怎么才能养成爱复习的习惯呢？

1 建立起“复习有用”的观念

不论是孔子的“学而时习之”“温故而知新”，还是德国心理学家艾宾浩斯总结的记忆遗忘曲线，都在告诉我们复习可以对抗遗忘、巩固所学。而且小学阶段科目少、内容少，复习难度小，早养成习惯早受益。

我相信复习一定有用。

2 结合不同的复习形式

形式多样灵活，也有利于提高复习的积极性。除了做题，讲述式复习和书写式复习也是不错的选择；可以见缝插针地用碎片时间复习，也可以比较正式地坐下来复习。

可以试试多样形式相结合地复习。

3 整理习题，利用好错题

平时注意将各科做过的试卷、练习册等分科分类整理好，重视错题，认真改正，并附上完整的解题思路或者答题过程，每次考试前就可以只去翻看错题本，这样复习起来效率就会非常高。

平时错题本记录好，复习时会更高效。
错题本

每天进步一点点

日拱一卒无有尽，功不唐捐终人海。找到适合自己的学习方式与方法，掌握一定的技巧，就能让自己的学习更加高效！

你今天掌握了什么新的学习技巧？

文言文好难，我一读就头疼，怎么喜欢上它？

成长的烦恼

现在语文课的古诗文内容好多啊，越来越难理解，本来就对语文不感兴趣的我，一看到它就头疼……每当看到同桌满怀激情地读着文言文，我都会有一种疑惑涌上心头：同桌到底是怎么喜欢上文言文的呢？我怎么一听那么绕的文字就难受呢？

说说我的故事

语文课
文言文
山不在高，有仙则名。水不在深，有龙则灵……
注释
在
名
语文

斯是陋室，惟吾德馨……

这念的都是什么，真听不懂啊。
……
语文

自从语文开始有了文言文，就更让我头疼了。
语文

古代
同桌摇头晃脑的模样真好笑，哈哈哈。
认真
努力

可是同桌每次
回答问题都能
对答如流。

自信
从容

唉……
我要是能像他那
样喜欢文言文就
好了。

是不是不讨厌
文言文就能学
好了？

可是怎么才
能不讨厌文
言文呢？

哪怕能有对数
学一半的喜欢
也好呀……

文言文太有趣了，我喜欢上文言文了。

VS

我讨厌文言文，因为它越来越难理解了。

如果你也有相同的烦恼，请先别着急否定自己，先问问自己，对语文的不感兴趣是真正意义上的不喜欢，还是在逃避文言文学习中遇到的困难，或者说不敢正视自己的失败呢？

心理学研究表明，一个人不喜欢做某事，主要是因为这件事让他产生过挫败感或者还没有从中感受到成就感。当你不敢正视自己的问题，心理上就会自然而然地趋利避害，这种逃避意识会让你讨厌这件事情，继而陷入恶性循环，更加做不好这件事情。

先从培养好感度和成就感开始吧。可以从简单有趣的文本入手，比如看些漫画版的文言文课外辅导书，通过漫画演绎、重点词句讲解，理解文本的意思，并在理解的基础上进行记忆，等获得了成就感，就能建立学习文言文的自信了。

世上无难事，只怕有心人。希望同学们遇到问题都能有直面的勇气，找到解决的方法。

心理学家给你的建议

文言文这么重要，我该怎么爱上它呢？

1 理解比背诵重要，避免死记硬背

很多人有个误区，认为学习文言文就是需要记忆，因为我们现在日常生活中都不再说那么多生僻的字和词了。但事实是，如果不理解含义，记忆只是短暂的，理解了背景、字词的含义和用法，才能记得更长久。

2 用讲故事的方式让文言文不再枯燥

很多文言文都有故事背景，我们不妨根据其背后的典故和人物经历，把这些文字放到故事中去理解，用讲故事的方式攻克文言文这一关卡。比如学习《桃花源记》，就可以采用故事记忆法啦。

3 用多种方式学文言文，提高兴趣

有时候不喜欢文言文，其实是你的“打开”方式不正确。除了正统的教辅和古诗文读物以外，一些画风轻松的漫画类读物以及诗词类的综艺节目或纪录片，也是可以用来提升文言文兴趣的课外资料，如《跟着唐诗去旅行》《跟着书本去旅行》《宗师列传·唐宋八大家》等。

也许是你“打开”文言文的方式不对，不妨换种方式试试。

每天进步一点点

日拱一卒无有尽，功不唐捐终入海。找到适合自己的学习方式与方法，掌握一定的技巧，就能让自己的学习更加高效！

你今天掌握了什么新的学习技巧？

遇到不会的问题，我不敢问老师，怎么办？

成长的烦恼

数学课上，有个问题我想了好久也没弄明白，想要跟老师请教，却怎么也不敢开口。正当我纠结得坐立不安的时候，老师发现了我的异状，并问我有什么疑问。当我看到同学们的目光都朝向我的时候，还是把问题压下去了。事后，我非常懊恼，为什么我就不能鼓足勇气问出来呢？

说说我的故事

数学课
这道题还有不明白的地方吗？
分母与
分子与
有不明白的同学提出来，我再讲一遍。

我……
都明白啦！

好，那我们来讲下一道题。

可是，这道题我还不明白呢……

要不大胆地跟老师提一下？

可是其他同学会不会笑话我呢？
会不会觉得我很笨呢？

唉，还是算了。

怎么啦，骏骏？
你有什么问题吗？

老师，我……
站起
我没有问题，老师。
那坐下吧。

唉，为什么我就不能鼓起勇气问出来呢？

我真是一个胆小鬼！

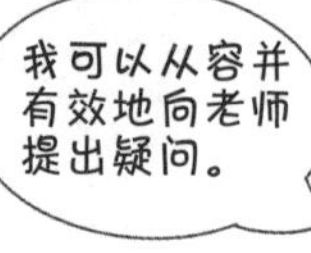

我可以从容并
有效地向老师
提出疑问。

面对不会的问题，
我还是没有足够
的勇气问出来。

上面的小故事中，虽然这位同学因为不好意思或者各种担忧导致没有问出口，但是意识到了问题，并有希望解决问题的想法就是可喜的。

从老师的角度来看，其本职工作就是传道授业解惑，不会因为你多次询问就认为你是一个笨学生，反而会喜欢有上进心、不懂就问的学生。而且老师会站在比较高的层次，提纲挈领地引导你解决问题，或发现更深层次的问题。

此外，对于不懂的地方，如果你实在羞于启齿在课堂上提问，我们其实可以通过很多方法弄懂，比如向学习好的同学请教，和水平差不多的同学讨论，也可以给老师写个纸条或课后去老师办公室问……哪一种方法适合你，就采用哪种方法。

学习说到底是自己的事情，何必在乎别人对你的看法呢？

心理学家给你的建议

如何才能从容、有效地向老师提问呢？

1 克服紧张心理，跟老师建立联系

万事开头难，凡事有了第一次之后，后面就会变得简单多了。跟老师越熟络，就会越了解老师的风格和节奏，老师也会对你越发了解，针对你的问题因材施教。

首先要克服自己的紧张心理。

2 选择合适的时间

如果课上不好意思说出疑问，可以在笔记本上做个标记，等下课的时候问老师；如果老师下课走得急，可以跟老师说自己有问题，另行约定时间。

选择合适的时间向老师提出问题。

3 提前准备，学会提问

会问问题也是一种能力。好的问题不是“这道题怎么做”“这个知识点我没听懂”，而是经过思考后，将思路和疑惑一同向老师说出来，这样老师也能明确知道的你到底哪个环节没弄明白，有针对性地为你讲解。

要了解自己到底哪个环节没弄明白，有针对性地提问。
针对性提问

每天进步一点点

日拱一卒无有尽，功不唐捐终人海。找到适合自己的学习方式与方法，掌握一定的技巧，就能让自己的学习更加高效！

你今天掌握了什么新的学习技巧？

24 我写作业慢，第二天起不来，恶性循环怎么办？

成长的烦恼

每天晚上回到家，我几乎没有任何娱乐，一直在写作业。但是，由于我写作业比较慢，每天都要写到很晚才能写完，这样熬夜经常让我第二天起不来，然后第二天又是如此……我感觉自己已经深陷一个恶性循环。我怎么才能提高做作业的效率，摆脱这种恶性循环呢？

说说我的故事

放学后

我去写作业了，妈妈。

七点钟
十点半左右
皓皓，怎么还没有做完作业啊？

有很多作业吗？
没有，是我写得有点儿慢。

那写完抓紧睡觉，要不明早又起不来了。
嗯。

第二天早上
皓皓！赶紧起床，上学要迟到了。

啊！

上课时

皓皓，站起来清醒一下吧，可不要再睡着了哦。

放学后
写作业这么慢，第二天一天都没精神……

我要怎么办才好呢？

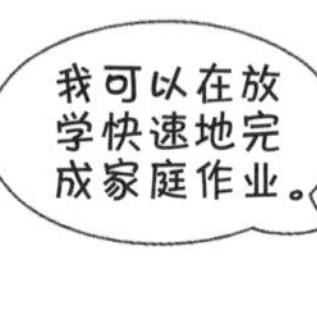

我可以在放学快速地完成家庭作业。

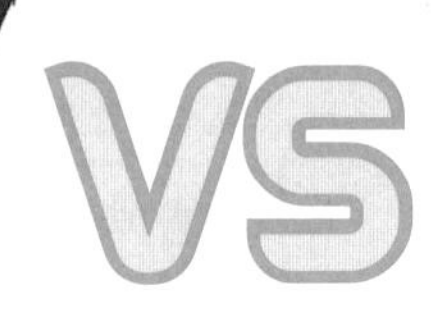

我写作业特别慢，已经形成恶性循环了。

聊起作业，相信每个学生都有一肚子苦水，尤其是随着年级的升高，学习的科目多了，难度也大了，作业也随之增加，学生的压力也会变得越来越大。

其实，作业并不是累赘，它是对所学知识的巩固和检测，是为了让学习者更好地学有所得。所以，要对作业有一个正确的认识，然后再去解决因为作业而产生的问题。

像皓皓一样，作业写得慢，晚上睡得晚，早晨起床难，上课注意力分散，知识记不牢，作业写得慢……形成了恶性循环。这其中的原因有很多种，需要自己深刻地反思：是因为玩到很晚才开始写作业，还是自己本来就写得慢呢？写得慢是因为经常走神、注意力不集中，还是对知识点理解不透呢？找到原因后对症下药，提高写作业的效率与技巧。

心理学家给你的建议

如何在放学后快速完成作业呢？

1 坚持“要事第一”的原则

很多人完不成作业是因为回家之后先去玩，等玩够了之后才开始做作业，这样时间就不够用，导致经常写到很晚。所以，要想快速完成作业，就要把作业当成最重要的任务优先完成。

把完成作业当成自己的首要任务去做。

2 先易后难，循序渐进

在写作业时，可以采用先易后难的方法。先完成简单的、容易上手的作业，这样可以快速进入学习状态，增强自信心。然后再挑战难度大的作业，这样先易后难，循序渐进才不容易中途放弃。

我要先做相对容易的题。

3 做作业前先翻课本和笔记

很多同学写作业比较慢是因为对知识点不了解或者掌握不熟练。要想彻底解决问题，就要抓住根本，把知识点和上课学到的内容充分掌握之后再开始做题，就会变得游刃有余了。

最重要的一点是把知识学明白再去做作业。

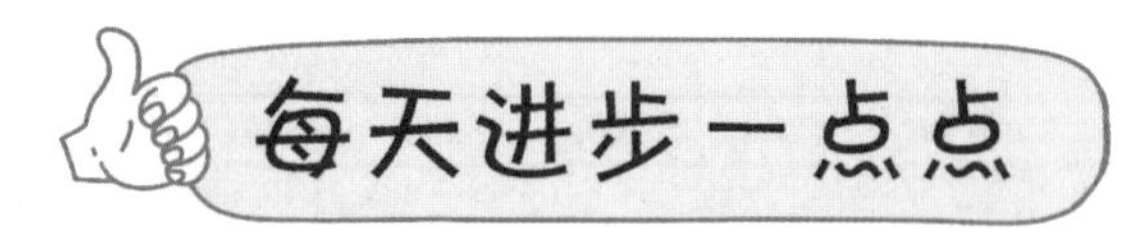

日拱一卒无有尽，功不唐捐终入海。找到适合自己的学习方式与方法，掌握一定的技巧，就能让自己的学习更加高效！

你今天掌握了什么新的学习技巧？

每日收获

写下我的小故事

我迷上了网络小说，不想看课本或名著，怎么办？

成长的烦恼

最近，我迷恋上了网络小说，紧张的情节和惊心动魄的悬疑感让我欲罢不能，经常忍不住冲动，打开手机翻阅起来。有时候去书店，我也忍不住先找网络文学方面的书，课本上枯燥的知识与名著里乏味的情节一点儿都吸引不了我。可是，每当夜幕降临、将要入睡的时候，总有一种罪恶感扑面而来：我要怎么才能杜绝沉迷网络小说呢？

说说我的故事

网络小说好有趣啊！
语文课
骏骏不要老是走神啊，好好听课！

阅读课
《红楼梦》里的故事太没劲了，一点儿也提不起兴趣来。
红楼梦

你看这才有趣呢，故事情节惊心动魄、主人公英姿飒爽。
……
"网络小说"

放学回家后
看会儿网络小说吧。
时间慢慢过去……
哈哈哈~
凌晨!!
01:26
呀！怎么都这么晚了！
明天又要迟到了，已经连续好几天熬夜看网络小说了。
这几天也没学进去什么，满脑子都是小说的内容。
网络小说害人呀……
这样下去可不行，得想个办法。
我要怎么才能杜绝沉迷网络小说呢？
K

我可以有效杜绝沉迷于网络小说。

我真的迷上网络小说了……

首先，这位同学喜欢阅读的劲头真的非常值得肯定。不过，网络小说和经典名著到底有什么区别呢？

经典名著是作者对于其所处时代和社会的深刻观察，并通过一定的叙述风格，表达出对这个社会的思考，从而引发读者的共鸣和理解。现在流行的网络小说，在创作的时候是以传播效率为出发点的，主要关注怎么写能让别人越看越上瘾、愿意付费，并持续关注。

当然，网络小说中也有很多较为上乘的作品，也不一定非要杜绝。我们应该明白的是，阅读的真正目的是从这些文字中获得有价值的回馈，不管是对现象、社会、人性的思考，是对情节、逻辑的分析，还是简单的一段消遣时光，甚至仅仅是一次情感的共鸣。

请一定要坚守自己的阅读主体性，时刻牢记是我们在读作品，而不是作品在控制我们。这样一来，网络小说和名著之争也就不是问题了。

心理学家给你的建议

如何避免网络小说和名著经典之间的“撕扯”呢？

1 从经典的推理悬疑类书籍开始

如果真的看不进去传统名著，也不必沮丧，可以从经典的推理悬疑、科幻等方面的书籍慢慢向传统名著过渡，比如东野圭吾的《解忧杂货铺》《白夜行》等作品，不仅是推理，更多的是写人性的美与丑。

2 坚持阅读纸质图书

但凡能够出版的纸质书，其文笔、内容、逻辑、叙述等都具备不错的水平，有一定的阅读价值。而且看纸质书对眼睛也是一种保护，看完的成就感也会更加鲜明。

3 和朋友一起组建读书会

和几位志同道合的好朋友约定时间共读一本书，组建读书会，一起讨论书中的故事，各抒己见，形成良好的阅读氛围，这样也能带动自己阅读，有助于培养良好的阅读习惯。

小蕊，我们约定好每周组建一次读书会吧。

每天进步一点点

日拱一卒无有尽，功不唐捐终入海。找到适合自己的学习方式与方法，掌握一定的技巧，就能让自己的学习更加高效！

你今天掌握了什么新的学习技巧？